欢迎来到
怪兽学园

_____ 同学，开启你的探索之旅吧！

本册物理学家

亚里士多德　　　　　　　　伽利略

献给所有充满好奇心的小朋友和大朋友。

——傅渥成

献给我的女儿豆豆和暄暄，以及一起努力的孩子们！

——郭汝荣

图书在版编目（CIP）数据

怪兽学园 . 物理第一课 . 2，苹果大搬运 / 傅渥成著；郭汝荣绘 . —北京：北京科学技术出版社，2023.10
ISBN 978-7-5714-2964-5

Ⅰ. ①怪… Ⅱ. ①傅… ②郭… Ⅲ. ①物理—少儿读物 Ⅳ. ① Z228.1

中国国家版本馆 CIP 数据核字（2023）第 047052 号

策划编辑： 吕梁玉		**电　话：** 0086-10-66135495（总编室）
责任编辑： 张　芳		0086-10-66113227（发行部）
封面设计： 天露霖文化		**网　址：** www.bkydw.cn
图文制作： 杨严严		**印　刷：** 北京利丰雅高长城印刷有限公司
责任印制： 李　茗		**开　本：** 720 mm×980 mm　1/16
出 版 人： 曾庆宇		**字　数：** 28 千字
出版发行： 北京科学技术出版社		**印　张：** 2.25
社　址： 北京西直门南大街 16 号		**版　次：** 2023 年 10 月第 1 版
邮政编码： 100035		**印　次：** 2023 年 10 月第 1 次印刷
ISBN 978-7-5714-2964-5		

定　价： 200.00 元（全 10 册）

2 苹果大搬运

运动　　　傅渥成◎著　　郭汝荣◎绘

北京科学技术出版社

100层童书馆

怪兽学园的秋季学期马上就要开始了。为了准备开学派对，时光物理班的伙伴们又重新聚在一起。他们来到奇奇果园，准备采摘一些水果。

正值收获的季节，果树上挂满了又大又圆的红苹果。

奇奇果园

闲人禁止入内

→ 20米

我在门口等你们！

亚里士多德带着阿成和飞飞走进果园。为了节省体力，伽利略在门口等他们。

飞飞的采摘速度很快，阿成的动作也不慢。不一会儿，他们采摘的苹果堆成了一座座小山。

采完后，阿成和飞飞迫不及待地跑向称重处，想看看自己采摘了多少苹果。

称完苹果后，阿成和飞飞将它们放在一旁的小车里，准备把它们运到货车上去。

阿成觉得推车太费力，思考如何能轻松一些。亚里士多德和飞飞都劝他好好推车，不要想着偷懒。

力是维持物体运动状态的原因，有力就有运动，没有力就没有运动。

想不用力是不可能的！

推了一会儿车，阿成发现，如果在开始时让小车快速跑起来，那么在接下来的一小段时间里，即使他不推，小车也可以自己朝前跑。

于是，他找到了偷懒的秘诀——每用力推几下就松一下手。

你看！在我松手后的这段时间里，没有力在推车，但是小车还在继续向前运动！

　　阿成正为自己找到了偷懒方法而开心，就听到飞飞说："别偷懒了！你看你推推停停的，这么久，小车才走了那么一点点距离。"阿成不服气地反驳："那是我没用尽全力！"

　　说完，他便推着车加速向前跑，结果一不小心撞倒了因为等待太久而进来寻找他们的伽利略。

阿成连忙扶起伽利略，并向他介绍了事情的来龙去脉。伽利略听完，连连夸奖阿成发现了"没有力，小车也能运动"的事实。

接着，伽利略讲起了
他的斜面实验。

A. 当小球从左侧斜面*上滚下来时，它可以在右侧斜面上达到原来的高度。

* 注：伽利略所说的实验，前提是斜面必须光滑。

B. 如果减小右侧斜面的斜度，小球依然能达到原来的高度，并且小球运动的距离变得更远了。

C. 如果把右侧的斜面完全放平，那么小球可以在平面上一直往前运动。此时的小球虽然没有受到推力的作用，却不会停止运动。这说明亚里士多德"力是维持物体运动状态的原因，没有力就没有运动"的观点是错误的。

听完伽利略的讲述，阿成很想仿效这个斜面实验，让小车自己向前走。忽然，他灵机一动，推着小车跑上了附近的山坡，然后松开双手……

但结果和他想象的完全不同——小车没滑多远，就停了下来，好多苹果都掉在地上摔坏了。

砰!

砰!

"这是因为小车还受到了摩擦力的作用。如果路面没有给小车摩擦力，那么小车的确可以一直向前运动，可是摩擦力的影响无处不在，小车也就停下来了。"伽利略不慌不忙地说。

什么是摩擦力？

两个相互接触的物体，当有相对运动或有相对运动趋势时，在接触面上产生的阻碍运动的作用力叫作摩擦力。

随后，大家一起把小车推到了停车场，并将苹果平均分装在两辆货车上。

由于自己的观点刚刚被伽利略推翻了，亚里士多德有些不满，他提出要和伽利略比赛开货车，看谁先到达途中的休息点。亚里士多德叫飞飞和自己坐一辆车，并率先选择了红色的货车，伽利略和阿成只好选择了蓝色的货车。

亚里士多德抢先启动货车,货车时速不断攀升。

随着货车的加速,坐在副驾驶座上的飞飞产生了一种奇特的感觉,仿佛有人在背后推自己。飞飞忍不住发问,可是亚里士多德也不知道原因。

速度仪表盘的指针指到数字"70"那里后便不再转动了。亚里士多德驾驶着红色货车匀速向前行驶，速度稳定在了70千米／时。

伽利略不甘落后，开始让货车慢慢加速。最终，蓝色货车的速度稳定在了80千米/时。

因为蓝色货车比红色货车速度快，所以不久后，蓝色货车就超过了红色货车。

80千米/时

在超车的时候，阿成激动地向飞飞挥手。

匀速直线运动

　　速度的大小和方向都不改变的运动是匀速直线运动。做这种运动的物体的运动轨迹是一条直线。

就这样，伽利略和阿成率先到达了休息点，亚里士多德和飞飞随后赶到。

与匀速运动时不同，货车在加速或减速时，都在做变速运动。货车发动时和刹车时的运动都属于变速运动。货车发动时，速度逐渐加快；货车刹车时，速度逐渐减慢。

在货车减速的时候，阿成注意到自己不由自主地向前倾了一下，他不解地望向伽利略。

这就是惯性的魔法！

阿成在推小车的时候也感受到了惯性。

惯性

物体具有的保持自身原有的静止状态或者匀速直线运动状态的性质。

飞飞在汽车加速时感受到的推背感也是惯性造成的。

原来是惯性！

在货车行驶的过程中，飞飞和阿成都注意到了仪表盘上的数字，但他们都不明白指针指示的数字到底是什么意思。

千米／时

速度单位，指每小时运动的距离是多少千米。其中，千米是长度单位；时指小时，是时间单位。

速度仪表盘上显示的是汽车的时速。

例：

速度 ◄─► 80 千米／时

行驶时间 1 小时

行驶路程 80 千米

阿成和飞飞有些摸不着头脑。见他们都一脸茫然，伽利略缓缓地补充道："速度等于路程除以时间。经过的路程相同的情况下，谁用的时间短，谁的速度就快。"

速度 = 路程 ÷ 时间

既然如此，
相同的时间内，我摘的苹果最多，
不就说明我的速度最快？！

5.01kg

"哈哈！刚才比赛时，你们的车一直在后退！"阿成嘲笑身旁的飞飞。飞飞据理力争："才没有，你一定看错了！我们的车一直在向前开。"

你们在车上有不同的感受，
是因为你们都是以自己作为参考系
来看待对方货车的运动情况的。

相对运动

　　一个物体相对于另一个物体的位置随时间而改变，则这两个物体间发生了相对运动。

参考系

　　参考系是指我们在研究物体运动时所选定的参照物体。其他物体究竟是运动还是静止都是相对参考系而言的。

计算物体相对于参考系的速度，需要用物体的速度减去参考系的速度。因此，在飞飞看起来，阿成坐的车在超车时以 10 千米 / 时的速度呼啸而过。而在阿成看起来，飞飞坐的车在被超车时以 10 千米 / 时的速度后退。

对于刚才的比赛结果，亚里士多德十分不服。休息完毕，他便提议接下来还要继续比赛。这一次，他要自己选择路线。

我觉得速度快最重要！

弯弯路

亚里士多德选择了一条车流较少的弯曲的公路——弯弯路，因为他觉得这条公路上车少，他可以开得更快。

谁会先到达呢？

要怎么选呢？

弯弯路：120 千米
怪兽大道：80 千米

　　伽利略则觉得路程短才是赢得比赛的关键，于是他选择了短且笔直的怪兽大道，尽管这条路比较拥堵。

兽大道

我觉得路程短最重要！

最终，两辆货车同时到达怪兽学园门口。看来这次他们没能分出胜负。

对于这样的结果，阿成和飞飞感到十分疑惑。

他们俩仔细思考"速度"的概念，明白了速度、时间和路程三者之间的关系，最终知道了两辆货车同时到达的原因。

速度 = 路程 ÷ 时间

时间 = 路程 ÷ 速度

原来，虽然亚里士多德的车比伽利略的跑得快，但是他选择的弯弯路要比怪兽大道长；而伽利略选择的怪兽大道虽然路程更短，但比较拥堵，导致伽利略车速较慢。

弯弯路
路程：120 千米　　速度：60 千米 / 时　　时间 =120÷60=2 小时

怪兽大道
路程：80 千米　　速度：40 千米 / 时　　时间 =80÷40=2 小时

开学派对在怪兽学园的花园里如期举行，大家都高兴地分享着暑假里的见闻，只有亚里士多德还在一旁为输了比赛而闷闷不乐。

亚里士多德（前384—前322）

　　亚里士多德在植物学、动物学、物理学、化学、气象学等许多领域都做出过贡献。他关于物理学的探索深刻地塑造了中世纪的学术思想，影响力延伸到了文兴时期。

　　16世纪以后，科学家开始使用数学研究物理学，这才发现亚里士多德有关物的许多观点是错误的。这些错误主要是他对质量、速度、力和温度等概念的认识确而造成的，他只能直观地理解速度、温度等概念，而无法对其进行准确测量和计

伽利略（1564—1642）

伽利略是意大利物理学家、数学家、天文学家和哲学家，也是科学革命的先驱。霍金曾说："自然科学的诞生要归功于伽利略。"伽利略在物理学领域有许多杰出的贡献。他提出了惯性原理（这一原理后来被发展为牛顿第一运动定律），还发现了摆振动的等时性。他通过实验证明，做自由落体运动的物体并不是匀速运动，而是加速运动的。此外，伽利略还改进了望远镜，并且用他的望远镜进行了天文观测，发现了太阳黑子，因而被誉为"现代观测天文学之父"。伽利略还是"日心说"的支持者。1632 年伽利略出版了《关于托勒密和哥白尼两大世界体系的对话》，宗教法庭却因此而判定他有罪。据传，他曾对审讯者说："但它（地球）仍然在转动啊。"伽利略相信真理终会胜出。终于，在 1992 年 10 月 31 日，教皇承认教会对伽利略的审判是错误的。